AF502992

NOTICE STATISTIQUE

SUR

LES JOURNAUX BELGES.

(1830-1842.)

NOTICE STATISTIQUE

SUR

LES JOURNAUX BELGES.

(1830-1842.)

Lettre à Sir **FRANCIS J*****, *à Londres,*

Par M. J. Malou,

MEMBRE DE LA COMMISSION CENTRALE DE STATISTIQUE.

BRUXELLES,

M. HAYEZ, IMPRIM. DE LA COMMISSION CENTRALE DE STATISTIQUE.

1843.

BULLETIN DE LA COMMISSION CENTRALE DE STATISTIQUE DE BELGIQUE.

(EXTRAIT DU TOME I.)

NOTICE STATISTIQUE

SUR

LES JOURNAUX BELGES.

(1830—1842.)

—

Bruxelles, le 15 mai 1843.

Monsieur,

Pendant votre récent séjour en Belgique, vous vous êtes attaché à connaître, et vous avez apprécié les institutions, les mœurs, les lois, les hommes politiques que la révolution de 1830 a produits.

Observateur éclairé, déjà libre de préventions et d'erreurs qui ont cours encore à l'étranger, vous avez voulu juger par vous-même tous les faits relatifs à l'existence de cette nation nouvelle, qui a accompli de si grandes choses au milieu de l'incertitude et des dangers dont elle était entourée à sa naissance; mais le temps vous a manqué pour tout approfondir, et je vous dois, car j'en ai fait la promesse, plus d'une notice statistique........

La presse périodique, les élections, l'administration, les communes, l'industrie, pourront être tour à tour l'objet de nos entretiens.

D'autres choses laissées à d'autres temps, nous causerons un peu, s'il vous plaît, de la presse périodique belge.

Je ne sais vraiment, Monsieur, comment j'ai pu prendre l'engagement de vous parler de la presse. J'ai reçu tant de fois le conseil de garder un silence prudent, j'ai éprouvé tant de doutes, d'hésitations et presque de regrets, que j'ai failli vous prier de me relever d'un vœu téméraire. Vous vous rendrez peut-être difficilement compte de ces sentiments, parce qu'en Angleterre le gouvernement constitutionnel et la liberté de discussion, inséparables l'un de l'autre, sont très-anciens, et parce que lès mœurs politiques sont formées : la publication de tous les faits qui offrent de l'intérêt vous paraît être de droit; c'est chose toute simple, inoffensive, journalière; personne ne se plaint ou ne se croit blessé, et la presse subit la loi commune. En Belgique au contraire, lorsqu'il s'agit de constater les faits qui concernent la presse, une sorte de crainte superstitieuse semble parfois nous arrêter : nous usons assez largement de notre jeune liberté envers tous les pouvoirs, pour rechercher, publier et discuter leurs actes; nous possédons une foule de documents sur les résultats de l'activité nationale dans l'ordre moral et dans l'ordre matériel; mais la presse, bien qu'elle occupe une place importante dans tous les pays qui jouissent d'institutions libres, est restée jusqu'à présent en dehors de nos recherches; l'on n'a point constaté les conditions et le mode de son existence, ni étudié ses développements. La statistique, science si positive et si curieuse à la fois, n'a-t-elle point connu la richesse de cette partie de son domaine, ou bien a-t-elle craint d'en remuer le sol?

Je ne puis m'abstenir de tracer d'abord une rapide esquisse de la législation qui régit la presse; c'est en quelque sorte l'atmosphère au milieu de laquelle elle se meut.

Il n'est aucun pays sur le continent où la presse jouisse d'une liberté plus grande qu'en Belgique. Pour fonder un journal, il ne faut pas, comme en France, donner un cautionnement et constituer un gérant responsable. Lorsque l'auteur d'un écrit est connu et domicilié en Belgique, l'éditeur, l'imprimeur ou le distributeur ne peut être poursuivi.

Ainsi point de mesures préventives; aucune disposition qui entrave ou rende difficile la libre manifestation de la pensée; ainsi encore, lorsqu'un délit a été commis, la responsabilité légale ne pèse pas simultanément sur tous ceux qui peuvent y avoir pris part, mais seulement sur l'auteur, s'il est connu et domicilié en Belgique. Le but et la portée de cette dernière disposition sont faciles à saisir : elle affranchit l'écrivain de la censure de l'imprimeur; celui-ci, considéré en quelque sorte comme un agent matériel, et n'étant point réputé complice conformément au droit commun, n'a nul intérêt à s'opposer à la publication. Le principe de la complicité des imprimeurs crée cet intérêt; il restreint dès lors la liberté réelle de la presse. Au congrès national, toutes les opinions se sont réunies pour consacrer cette liberté si large, et cependant l'on se trouvait au lendemain d'une révolution, aux prises à l'intérieur et au dehors avec d'immenses difficultés.

La seule loi répressive qui soit en vigueur aujourd'hui date à peu près de la même époque. Le décret du 20 juillet 1831 répute complicité d'un crime ou délit consommé ou tenté, la provocation directe à le commettre; il punit l'attaque dirigée méchamment et publiquement contre la force obligatoire des lois, contre l'autorité constitutionnelle du Roi, l'inviolabilité de sa personne, les droits constitutionnels de sa dynastie, les droits ou l'autorité des Chambres; enfin il punit l'injure ou la calomnie contre la personne du Roi.

Le prévenu d'un délit de calomnie contre les dépositaires ou agents de l'autorité à raison de faits relatifs à leurs fonctions, peut prouver la vérité des faits imputés, et cette preuve le met à l'abri de toute peine.

L'emprisonnement préalable n'a pas lieu pour simples délits politiques ou de la presse.

Les affaires sont soumises au jury. Les prévenus ont une place distincte de celle des accusés pour crimes [1].

Il est assurément impossible de trouver une législation plus sobre dans la définition des faits punissables, plus libérale et plus douce dans l'application de ses principes. Ailleurs, et l'exemple est bien près de nous, l'on a créé une foule de délits, l'on a exigé des garanties nombreuses, établi des pénalités sévères, et quelquefois même, l'on a pu, légalement, ne point soumettre au jury les affaires de presse.

Pendant quelques années, de 1834 à 1839, une loi de circonstance [2] a existé à côté de la loi commune : elle avait pour objet de punir ceux qui provoqueraient le retour de la famille déchue, qui feraient des démonstrations publiques en sa faveur ou qui porteraient les insignes distinctifs d'une nation étrangère.

Je ne crois pas que cette loi ait été une seule fois appliquée à la presse périodique; son effet a été purement comminatoire. Un fait bien remarquable et trop peu remarqué, c'est que la Belgique, à peine constituée, non reconnue, ayant pour ainsi dire chaque jour à attendre des tentatives de restauration, ait traversé cette époque sans recourir à d'autres mesures exceptionnelles, sans faire même usage de la loi de 1834 à l'égard de ceux qui, par leurs écrits, protestaient incessamment contre son existence; l'histoire n'offre pas d'exemples d'une telle conduite, et à défaut d'autres preuves, celle-ci ne suffirait-elle pas pour démontrer la force du sentiment national, la confiance qu'il avait en lui-même?

Pendant plusieurs années, quatre journaux orangistes ont existé; un seul existe

---

[1] Décrets des 19 et 20 juillet 1831. — Articles 18 et 98 de la constitution.
[2] Loi du 25 juillet 1834.

encore. Le tableau suivant indique le nombre moyen de leurs abonnés, l'époque de la conversion de l'un d'eux et du décès de deux autres.

TITRE DES JOURNAUX.	Nombre de fois qu'ils paraissaient.	1830	1831	1832	1833	1834	1835	1836	1837	1838	1839	1840	1841	1842
Le Journal du Commerce d'Anvers	6	»	440	408	465	467	458	397	189	198	[1]585	»	»	»
Le Lynx, à Bruxelles . . .	7	»	358	541	506	455	515	437	407	592	572	328	261	[2]231
Le Messager de Gand . . .	7	756	689	790	594	820	715	662	580	572	592	612	613	598
L'Industrie de Liége . . .	6	»	268	451	379	285	229	224	290	164	179	168	[3]141	»
Total	. . . .	756	1755	2190	1944	2027	1915	1720	1466	1326	1528	1108	1015	829

[1] S'est rallié vers le milieu de 1839. — [2] Premier trimestre. A cessé de paraître. — [3] A cessé.

La loi répressive qui forme le droit commun n'a guère été appliquée. Voici, Monsieur, les données que j'ai pu recueillir à cet égard. Pour les années 1830 à 1835, les crimes et délits politiques sont confondus avec ceux de la presse dans les comptes rendus de l'administration de la justice criminelle; les uns et les autres sont d'ailleurs en petit nombre. En ce qui concerne les quatre années 1836 à 1839 inclusivement, j'ai puisé dans le dernier compte-rendu les éléments du tableau qui suit :

FAITS.	ANNÉES.	AUTEURS			IMPRIMEURS		
		nombre des prévenus.	acquittés.	condamnés à l'emprisonnement.	accusés.	acquittés.	condamnés à l'emprisonnement.
Calomnie par la voie de la presse.	1836	4	3	1	2	2	»
Attentat à la morale publique par la presse	1836	1	»	1	»	»	»
Calomnie par la voie de la presse.	1837	2	2	»	»	»	»
Idem idem.	1838	8	2	6	3	5	»
Idem idem.	1839	3	»	3	5	4	1
Total	. . . .	18	7	11	10	9	1

NOTA. Deux affaires seulement ont été poursuivies d'office. Les prévenus ont été condamnés. (Voy. *Statistique criminelle* de 1836-1839, in-4°, 1843. — *Rapport*, pag. XXI. Tabl. CIX à CXVI.)

— 5 —

Ne vous hâtez pas, Monsieur, de conclure de ces chiffres que les délits de la presse sont excessivement rares ; vous pourriez vous tromper, mais le plus souvent l'on paraît s'être borné à répondre, comme la loi en accorde le droit, dans les colonnes du journal auteur des imputations ; quant aux faits qui peuvent être poursuivis d'office, il semble qu'en général les hommes qui se sont succédé aux affaires (et je suis tenté de louer cette conduite), ont laissé au bon sens du pays le soin de faire justice de beaucoup d'écarts, et justice a été obtenue de l'opinion publique.

Permettez-moi de vous citer, comme terme de comparaison, quelques données puisées dans les comptes-rendus de l'administration de la justice criminelle en France.

ANNÉES.	AFFAIRES.	PRÉVENUS.	ACQUITTÉS.	CONDAMNÉS		SOMMES des amendes prononcées contre les journaux.	OBSERVATIONS.
				à l'amende.	à l'emprisonnement et à l'amende.		
1830. .	76¹	122	60	15	47	»	¹ La majeure partie avant la révolution de juillet.
1831. .	84	111	65	10	36	»	
1832. .	158	234	131	3	100	»	
1833. .	128	186	136	3	47	107,750	53 journaux.
1834. .	74	104	57	»	47	103,950	41 Idem.
1835. .	83	101	61	2	38	108,100	45 Idem.
1836. .	54	66	44	»	25	47,300	32 Idem.
1837. .	25	27	16	»	11	16,800	11 Idem.
1838. .	20	22	16	1	5	26,100	6 Idem.
1839. .	23	31	21	1	9	21,400	6 Idem.
1840. .	5	11	5	5	1	»	

La législation qui régit la presse périodique doit être considérée sous un autre rapport encore. Les journaux sont soumis à l'impôt du timbre en Belgique, comme ils le sont dans votre pays et en France. Le transport par la poste n'est pas gratuit.

Aux États-Unis, où règne la liberté la plus illimitée de la presse, le droit de timbre pour les journaux n'existe pas; mais le droit de poste est assez élevé; l'on paye à ce titre et sans distinction de format, 5 centimes et 1/3 ou 8 centimes, selon les distances à parcourir [1].

La loi du 14 décembre 1830 forme en France le dernier état de la législation. Elle établit un droit de timbre de 6 centimes pour chaque feuille de 30 décimètres carrés et au-dessus, de 3 centimes pour la demi-feuille de 15 décimètres et au-dessous. Les journaux d'un format intermédiaire payent 1 centime en sus pour chaque 5 décimètres carrés complets. Le droit de port est de deux centimes dans l'intérieur du département où se publie le journal, et de 4 centimes hors des limites du département [2].

Je rappellerai, bien qu'il vous soit connu, l'acte du parlement en date du 13 août 1836 [3], par lequel le droit de timbre sur les journaux anglais est réduit de 3 pences à 1, 1 1/2 ou 2, selon le cadre du journal, car à la différence de la loi française, cet acte n'établit l'impôt que sur la partie imprimée, sans compter les marges. Le transport des journaux par la poste est gratuit dans toute l'étendue du Royaume-Uni.

Pour la Belgique, le principe du timbre de dimension remonte à la loi du 9 vendémiaire an VI, qui est restée en vigueur jusqu'à la loi du 21 mars 1839. Le projet présenté par le gouvernement en 1837 [4] tendait à établir pour tous les journaux, sans distinction de format, un droit de timbre de 4 centimes. Les grands journaux auraient obtenu ainsi une réduction d'impôt égale à 40 pour cent; la condition des autres serait demeurée à peu près la même; mais cette proposition ne fut pas admise par la Chambre des Représentants. Un amendement, devenu l'art. 2 de la loi nouvelle, fixa le droit ainsi qu'il suit :

Feuille de 17 ½ décimètres carrés et au-dessous . . . . 2 centimes ½
   Id.   au-dessus de 17 ½ décimètres jusqu'à 25 décimètres inclusivement 3   —
   Id.   id.   25   id.   32   id.   4   —
   Id.   d'une dimension supérieure à 32 décimètres 5   —

La réduction du droit fut donc proportionnelle; le dégrèvement accordé à tous les organes de la presse a été évalué à 43 °/₀ environ.

---

[1] Discours de M. Lebeau. *Moniteur belge* du 24 novembre 1838, n° 329. —De Tocqueville, *De la démocratie en Amérique*, t. II, pag. 27, éd. Brux. — Michel Chevalier, *Lettres sur l'Amérique du Nord*, t. I, pag. 390, éd. de Paris.

[2] *Voir* Sirey, 1831, II, 127.

[3] *The statutes at large of the united Kingdom* (Guillaume IV, 6° et 7°), tom. XIV, pag. 223.

[4] *Moniteur* du 16 octobre 1837.

Le droit de port par la poste est de deux centimes par feuille, sans distinction, ni de format, ni de distance à parcourir.

Le timbre nous offre, Monsieur, un moyen très-simple et assez sûr, d'étudier les principaux faits relatifs à l'existence matérielle des journaux. Tous étant soumis à cet impôt, l'on peut, au moyen des registres du timbre, connaître leur nombre et leur format à diverses époques; l'on peut constater les naissances et les décès, l'âge et la condition de chacun d'eux, la part d'impôt qu'il supporte. La moyenne des abonnements par province et par journal peut aussi être calculée avec assez d'exactitude, et dès lors l'on connaît approximativement le produit des abonnements.

Si, depuis un grand nombre d'années, des renseignements complets avaient été recueillis, combien d'inductions intéressantes l'on pourrait en tirer! Combien serait curieuse l'histoire de la presse périodique, si, mettant en œuvre ces précieux matériaux, l'on remontait des faits à leurs causes, si l'on rapprochait des données relatives à l'existence matérielle des journaux, les indications nécessaires sur les événements, les luttes, les vicissitudes qui ont réagi sur eux!

Malheureusement, je ne puis être pour vous cet historien de la presse belge. Les renseignements qu'il m'a été possible de réunir ne remontent pas à une date assez ancienne; ils ne contiennent même de développements assez étendus que pour les trois dernières années. Il faudrait d'ailleurs, pour entreprendre avec succès un travail aussi vaste, non-seulement tous les matériaux dont je n'ai qu'une faible partie; mais posséder encore une connaissance intime des faits, car l'histoire de la presse, ainsi entendue, comprendrait presque toute l'histoire politique d'une époque; il faudrait enfin, tout en ayant les moyens de mettre les résultats en évidence, se trouver à l'abri du soupçon de partialité dans l'appréciation de leurs causes; conditions qu'il est malaisé de réunir, alors que chacun est inévitablement classé d'après ses opinions réelles ou supposées.

Une courte notice ne sera néanmoins pas dénuée d'intérêt.

Un mot d'abord sur les faits relatifs à la presse en Belgique antérieurement à 1830.

Le nombre total des écrits périodiques de toute nature qui se publiaient vers 1828 dans les provinces méridionales du Royaume des Pays-Bas, y compris le grand duché de Luxembourg, s'élevait à peu près à 71. La moitié seulement de ces publications étaient des journaux proprement dits, et comme tels assujettis au timbre. Leur répartition entre les provinces, le produit du droit de timbre en 1826 et le nombre approximatif des feuilles timbrées sont indiqués dans l'aperçu suivant [1].

---

[1] Voir *Correspondance mathématique*, par M. A. Quetelet, tom. IV, pag. 192 et 258. — *Revue encyclopédique*, avril 1828, tom. XXXVIII, pag. 258.

PROVINCES.	NOMBRE d'écrits PÉRIODIQUES.	PRODUIT DU TIMBRE DES JOURNAUX EN 1826.		NOMBRE DE FEUILLES timbrées.
		FL.	FRANCS.	
Anvers	3	6,402 —	13,549 22	320,100
Brabant	39	20,615 —	43,629 64	1,030,750
Flandre occidentale	4	1,922 —	4,067 73	96,100
Flandre orientale	5	10,760 —	22,772 50	538,000
Hainaut	6	2,378 —	5,032 82	118,900
Liége.	10	10,058 —	21,286 78	502,900
Limbourg	2	843 —	1,784 05	42,150
Luxembourg	2	224 —	474 08	11,200
Namur	»	»	»	»
Total	71	53,202 —	112,596 82	2,660,100

La liberté de la presse, les institutions qui régissent l'état, la province et la commune, devaient naturellement avoir pour effet de multiplier en Belgique, depuis 1830, le nombre des organes de la presse. L'activité nouvelle donnée à la vie politique, la publicité introduite dans la gestion des affaires provinciales et communales, l'existence de grands centres de population et par conséquent d'intérêts, la diversité même des souvenirs, des mœurs, du langage, tout concourait à favoriser ce mouvement.

Aussi le nombre des journaux qui n'est porté pour 1830 qu'à 34, était-il, à la fin de 1842, de 130 : il est presque quadruplé dans l'espace de 13 années. Le tableau suivant indique par année ou par trimestre le nombre des journaux, en les distinguant en trois catégories, savoir : 1° politique; 2° littérature, sciences, arts, théâtres, modes, etc.; 3° annonces.

ANNÉES.	ANVERS.			BRABANT.			FLAND. OC.		FLAND. OR.			HAINAUT.		LIÉGE.	LIMB.	LUXE.	NAMUR.		TOTAL.			TOTAL GÉNÉRAL.
	Politiques.	Artistiques.	Annonces.	Politiques.	Artistiques.	Annonces.	Politiques.	Annonces.	Politiques.	Artistiques.	Annonces.	Politiques.	Annonces.	Politiques.	Politiques.	Politiques.	Politiques.	Annonces.	Politiques.	Artistiques.	Annonces.	
1850	5	»	2	5	»	1	5	»	5	»	»	5	2	4	»	»	1	1	28	»	6	54
1851	5	»	2	10	»	1	5	»	5	»	»	7	2	5	»	»	1	1	38	»	6	44
1852	5	»	2	12	1	1	5	»	5	»	»	5	2	5	»	1	2	1	38	1	6	45
1853	5	»	2	13	2	1	5	»	6	»	»	3	2	5	1	1	2	1	41	2	6	49
1854	5	»	2	14	2	1	6	»	7	»	»	3	2	6	2	1	2	1	46	2	6	54
1855	6	»	2	15	7	5	7	»	8	»	»	6	2	7	1	1	1	1	52	7	8	67
1856	6	»	2	14	7	5	4	»	8	»	»	5	2	7	1	2	1	1	48	7	8	65
1857	5	»	2	17	5	4	5	»	8	»	»	4	2	7	»	2	1	1	49	5	9	65
1858	5	1	2	11	5	4	5	»	9	»	»	5	2	7	»	1	1	1	44	4	9	57
1859	5	1	2	11	5	4	5	»	11	»	»	7	2	7	1	1	3	1	51	4	0	64
1840 1er trimest.	10	»	5	15	8	8	5	5	10	1	2	6	2	8	»	1	2	»	57	9	20	86
2me trimest.	11	»	5	16	9	9	5	5	10	1	2	6	2	9	»	1	2	»	60	10	21	91
3me trimest.	12	»	5	15	9	9	5	5	10	1	2	6	2	9	1	1	2	»	61	10	23	94
4me trimest.	12	»	6	16	9	11	5	5	11	1	2	6	2	9	1	1	3	»	64	10	26	100
1841 1er trimest.	10	»	6	15	8	12	5	5	11	1	2	7	2	8	1	1	2	»	60	9	27	96
2me trimest.	11	»	6	17	9	11	9	5	12	1	3	8	2	8	2	1	2	»	69	10	27	106
3me trimest.	11	»	6	20	12	13	8	5	14	1	2	8	2	9	4	1	2	»	77	15	28	118
4me trimest.	12	»	6	18	9	12	8	5	14	1	3	8	2	8	5	2	2	»	75	10	28	115
1842 1er trimest.	11	»	6	20	11	9	9	4	16	1	»	8	2	9	5	2	2	»	80	12	21	113
2me trimest.	10	»	6	19	11	11	9	4	17	1	»	8	3	9	5	2	2	»	79	12	24	115
3me trimest.	10	»	7	18	8	15	9	4	20	1	»	8	3	9	5	2	3	»	82	9	27	118
4me trimest.	11	»	7	27	10	14	9	4	19	1	»	8	3	9	5	2	3	»	91	10	28	129

Le Brabant occupe donc la première place quant au nombre des journaux. La Flandre orientale et la province d'Anvers le suivent immédiatement. Trois provinces, le Limbourg, le Luxembourg et Namur ne possèdent qu'un très-petit nombre de journaux.

Les écrits périodiques exempts du droit de timbre, qui paraissent tous les mois ou moins fréquemment encore, sont assez nombreux. Les uns, tels que la *Revue nationale*, le *Journal historique*, la *Nouvelle Revue de Bruxelles*, s'occupent de questions politiques, de littérature et de sciences : d'autres, tels que la *Revue belge* et des recueils rédigés en flamand, sont exclusivement scientifiques et littéraires. Je n'ai pu comprendre dans mes recherches les faits qui concernent ces publications. Des données positives sur les conditions de leur existence matérielle ne peuvent être fournies que par les propriétaires ou rédacteurs; je me suis abstenu, pour plusieurs motifs, de les demander.

Quant aux journaux proprement dits, veuillez remarquer, Monsieur, que les chiffres portés au tableau qui précède n'ont point par eux-mêmes une valeur uniforme et absolue; ils comprennent à la fois les journaux de grand format, principaux organes des partis politiques, et une foule d'autres qui paraissent seulement deux ou trois fois par semaine, et dont l'existence plus modeste est presque ignorée hors de la localité où ils se publient.

La province de Liége ne possède pas de journaux spécialement consacrés aux annonces; mais nulle part en Belgique, les journaux politiques n'en contiennent un aussi grand nombre que dans cette province.

Ma première pensée a été de dresser, pour les journaux qui ne sont plus, une sorte de table nécrologique; j'y ai renoncé, parce que la plupart ont à peine vécu. Cette table eût été très-longue, car, à toutes les époques, les essais de création de journaux ont été nombreux, mais s'il est aisé de lancer un prospectus, de publier quelques numéros, c'est une entreprise difficile et dont le succès est rare, de trouver place au soleil de la publicité et de prendre une part suffisante au banquet des abonnements........

Pauci quos æquus amavit
Jupiter, aut ardens evexit ad æthera virtus,
Dis geniti, potuére........

Passant sous silence l'apparition et le décès de ces enfants mort-nés de la presse, je me suis borné à réunir quelques données relatives à ceux des journaux politiques qui, depuis 1830 ont disparu, ou se sont transformés, après avoir eu du moins quelque temps d'existence.

Ces données font l'objet du tableau qui suit :

PROVINCES.	TITRE DES JOURNAUX.	NOMBRE de fois qu'ils paraissaient.	MOYENNE DES ABONNEMENTS.												
			1830	1831	1832	1833	1834	1835	1836	1837	1838	1839	1840	1841	1842
ANVERS	Le Phare.	6	»	78	160	178	138	128	68	»	»	»	»	»	»
	Le Lynx.	7	»	358	541	506	455	515	437	407	392	372	328	261	231[1]
	L'Union[2]	7	»	»	415	536	534	507	490	514	»	»	»	»	»
BRABANT.	Le Libéral	7	»	947	1047	456	365	288	»	»	»	»	»	»	»
	Le Franc Parleur	7	»	»	»	423	507	535	»	»	»	»	»	»	»
FLANDRE ORIENTALE.	Le Constitutionnel. . . .	7	»	»	»	»	97	140	158	143	147	»	»	»	»
	Le Réveil de Gand. . . .	7	»	»	»	»	»	»	»	»	»	»	»	215[3]	»
	Le Courrier de la Meuse . .	6	1351	989	802	721	707	618	594	558	862	801	635	»	»
LIÉGE	L'Espoir.	6	»	»	»	»	»	331	251	270	282	577	576	»	»
	Le Politique.	6	1226	857	628	498	305	290	264	266	284	446	325	»	»
	L'Industrie	6	»	268	451	579	285	229	224	290	164	179	168	141	»
LIMBOURG	Le Nouvelliste de Hasselt . .	3	»	»	»	238	110	79	54	»	»	»	»	»	»
LUXEMBOURG . . .	Le Journal d'Arlon. . . .	2	»	»	136	95	83	83	155	158	»	»	»	»	»
NAMUR	Le Courrier de la Sambre. .	6	247	230	157	»	»	»	»	»	»	»	»	»	»

[1] Premier trimestre. — [2] Quelque temps avant sa mort ce journal avait changé de nom, et pris le titre de *Conservateur*. — [3] Les trois derniers trimestres.

Le *Courrier de la Meuse* s'est établi dans la capitale; il a pris le titre de *Journal de Bruxelles.*

L'*Espoir* et le *Politique* de Liége ne sont pas morts tout entiers; la *Tribune* est née de leurs cendres.

L'*Industrie* s'est réunie au *Lynx*, qui lui-même a suivi de près dans la tombe le journal dont il venait de recueillir le faible héritage.

Vous vous étonnerez peut-être, Monsieur, que l'un et l'autre aient pu durer en n'ayant qu'un nombre si peu élevé d'abonnés. Ce fait d'existences artificielles pour ainsi dire, n'est pas très-rare; il peut s'expliquer diversement selon les opinions et la position du journal, selon les circonstances où se trouvaient ses patrons ou ses partisans. Je ne puis vous offrir de renseignements positifs à cet égard, et n'ai pas l'intention de me livrer à des conjectures.

Vainement d'ailleurs espèrerait-on déduire d'un grand nombre de faits une espèce de loi de mortalité. Les conditions d'existence sont tellement différentes, selon la nature de la publication, les frais qu'elle nécessite, les produits accessoires qu'elle procure, que l'on voit s'éteindre des journaux dont la clientèle paraissait suffisante et bien établie, tandis que d'autres, moins prospères en apparence, leur survivent longtemps.

Un certain intérêt s'attache, ce me semble, à connaître l'âge des journaux qui se publiaient à une époque donnée; j'ai choisi pour vous en présenter un aperçu, la date la plus rapprochée, le 31 décembre 1842.

PROVINCES.	20 ANS et plus.	DE 15 à 20 ans.	DE 10 à 15 ans exclus.	DE 5 à 10 ans exclus.	4 ANS.	3 ANS.	2 ANS.	1 AN.	MOINS d'un an.	ÂGE inconnu.
Anvers. . . .	8	»	1	3	2	1	1	1	1	»
Brabant . . .	2	1	4	12	1	»	5	6	20 [1]	1 [2]
Flandre occident.	2	1	1	3	1	»	1	2	»	2 [3]
Flandre orient. .	2	2	1	1	2	»	4	4	4	»
Hainaut . . .	2	»	2	»	1	2	1	2	1	»
Liége	1	»	»	1	1	»	1	»	4	1
Limbourg. . .	»	»	»	»	»	»	1	2	»	»
Luxembourg. .	»	»	»	1	»	»	»	1	»	»
Namur . . .	»	»	1	»	»	1	»	»	1	»
TOTAL . .	17	4	10	21	8	4	14	18	31	4

1 La plupart sont de petits journaux d'annonces ou de mode, théâtres, etc. — 2 Le Courrier belge, sa création est antérieure à 1825. — 3 Anciens journaux d'annonces.

Ainsi 17 journaux seulement dans tout le royaume comptent 20 ans et plus d'existence. Quels sont les noms de ces vétérans de la presse belge? dans quelles localités s'impriment-ils? quelle est la date précise de leur naissance? quelle a été depuis 1830 la moyenne de leurs abonnés? Vous trouverez, Monsieur, la réponse à ces diverses questions, dans le tableau qui suit :

TITRE DES JOURNAUX.	VILLES où ils PARAISSENT.	DATE de LEUR NAISSANCE.	MOYENNE DE LEURS ABONNÉS.													
			1830	1831	1832	1833	1834	1835	1836	1837	1838	1839	1840	1841	1842
De Gazette van Gend	Gand	Depuis plus d'un siècle.	780	1082	1090	1017	913	775	841	808	754	870	786	856	604
Journal de la Province	Liége	16 avril 1764	1594	1255	1079	875	1012	1066	1119	1203	1247	1325	1594	1314	1302
Alge. Advertentieblad	Malines.	17 janvier 1773	250	409	464	442	512	615	308	506	306	304	425	516	346
La Gazette de la Province.	Bruges.	23 juin 1795	»	»	»	»	»	»	»	»	»	»	172	158	124
Messager de Gand	Gand	An VI de la République.	736	689	790	594	820	713	662	580	572	592	612	613	598
Annonces de Tournay	Tournay	23 octobre 1804	76	116	115	125	128	98	98	98	98	98	176	170	98
Journal d'Anvers	Anvers.	1er janvier 1811	694	787	775	697	574	691	580	518	287	646	646	609	516
Annonces de Mons	Mons	1er janvier 1812	113	89	92	85	90	89	89	89	89	89	55	47	48
Revue	Anvers.	1er janvier 1814	»	»	»	»	»	»	»	»	»	»	126	103	115
Journal de la Belgique	Bruxelles	2 février 1814	1590	1662	1745	1475	1358	1285	1251	1214	1246	1249	1129	965	682
Antwerps Nieuwblad	Anvers.	31 mai 1814	231	401	411	585	584	379	342	145	210	394	404	390	580
Nieuws Ankondigblad.	Turnhout	5 juillet 1814.	»	»	»	»	»	»	»	»	»	»	541	264	339
Le Propagateur	Ypres	1816.	46	46	46	46	46	95	96	95	98	71	79	165	134
Postryder.	Anvers.	4 janvier 1819	96	163	186	223	202	189	174	108	152	264	245	240	220
Le Belge	Bruxelles	Antérieur à 1821	845	897	737	614	578	590	534	488	457	472	439	580	545
Journ. du Com. d'Anvers.	Anvers.	1er janvier 1822	»	440	408	465	467	458	597	189	198	385	375	359	378
Revue	Anvers.	1er janvier 1822	»	»	»	»	»	»	»	»	»	»	129	79	109

NOTA. L'indication des abonnements manque pour quelques années, en ce qui concerne certains journaux.

Un seul est donc centenaire, jamais je n'ai vu son nom mêlé aux luttes ardentes des partis; sa vie paraît être calme comme celle d'un bon vieillard; il parle flamand.

Un autre compte près de 80 automnes. Organe d'une opinion que l'on dit très-avancée, je ne sais trop pourquoi, il a dans ses allures la vivacité et la tumultueuse ardeur de la jeunesse, et vraiment je me prends à douter quelquefois, tant il me semble changé, tant il a grandi, s'il est bien le même que ce petit journal qui paraissait à Liége, au temps des princes-évêques, apparemment sous le bon plaisir, avec approbation et privilége de Son Altesse.

Que de pensées se pressent dans l'esprit à la vue de ces vieilles tribunes où sont montés successivement pour parler à la multitude, sous des régimes si différents, plusieurs générations de journalistes! que de faits se sont produits, que d'idées et de passions ont été agitées durant cette longue existence!

Plusieurs autres journaux, parmi les plus anciens, sont exclusivement ou principalement consacrés aux annonces. Une clientèle peu étendue suffit à des publications de ce genre. Le prix d'insertion des annonces couvre les frais de production et permet même, dans la plupart des cas, de faire un assez grand nombre de distributions gratuites.

Aucun des principaux journaux de Bruxelles ne se trouve porté au tableau. Les organes de la presse, dont l'existence se liait, pour ainsi dire, à celle du gouvernement des Pays-Bas, étaient tombés avec lui, au moment des événements de 1830. De nouveaux intérêts, une direction toute nouvelle imprimée aux esprits, le changement survenu dans la position de la capitale, y produisirent naturellement une sorte de rénovation de la presse périodique. Des journaux dont la publicité est aujourd'hui la plus grande, les uns sont contemporains de la révolution, d'autres sont nés à une date plus récente encore.

Déjà vous avez pu remarquer, Monsieur, combien le nombre des journaux diffère d'une province à l'autre. Des notions plus précises peuvent être obtenues, si l'on compare les provinces sous le double rapport du nombre et de la dimension des feuilles timbrées, et d'une autre part quant au produit de l'impôt. Je regrette de ne posséder ces renseignements que pour le dernier trimestre de 1840 et pour les années 1841 et 1842; recueillis désormais avec soin, ils présenteront aussi un plus vif intérêt, parce que des comparaisons pourront être établies entre des périodes différentes.

J'ai résumé, dans le 1er des tableaux qui suivent, le nombre de feuilles timbrées par trimestre dans chaque province, en distinguant les divers formats. Le 2e tableau, corrélatif au premier, indique de la même manière le produit de l'impôt.

PROVINCES.	TIMBRE de centimes	1840. 4me trimestre.	1841. 1er trimestre.	2me trimestre.	3me trimestre.	4me trimestre.	TOTAL.	1842. 1er trimestre.	2me trimestre.	3me trimestre.	4me trimestre.	TOTAL.	TOTAL de 1841 et 1842.	MOYENNE.
ANVERS	2½	44,577	42,054	48,468	43,440	30,250	170,212	31,058	36,748	36,592	38,206	143,404	313,616	156,808
	3	64,982	64,100	60,950	75,455	69,901	270,412	49,277	21,457	18,592	18,549	107,675	378,087	189,043
	4	102,847	102,800	102,012	100,500	96,500	401,812	114,900	148,336	158,040	160,534	581,810	983,622	491,811
	5	4	7	6	»	450	463	4,508	4,501	5,003	4,002	14,014	14,477	7,238
BRABANT	2½	205,491	241,376	216,285	225,451	244,573	927,685	164,022	160,979	162,500	203,606	691,107	1,618,792	809,396
	3	74,807	70,926	73,127	71,282	69,305	284,640	96,507	157,270	132,259	150,908	536,944	821,584	410,792
	4	072,068	812,673	716,680	746,455	933,155	3,208,961	1,005,538	903,755	951,939	929,788	3,788,020	6,996,981	3,498,490
	5	»	»	»	10,500	31,840	42,340	5,000	»	»	2,500	7,500	49,840	24,920
FLANDRE OCCIDENTALE.	2½	40,901	42,309	43,025	31,993	35,967	154,184	35,700	12,196	13,546	9,527	70,769	224,953	112,476
	3	22,050	17,950	25,495	53,000	41,398	118,841	44,113	66,024	70,343	73,727	254,207	373,048	186,524
	4	23,160	25,082	24,767	25,356	25,240	100,445	24,458	24,575	25,116	25,231	99,360	199,805	99,902
	5	»	»	»	»	»	»	»	»	»	»	»	»	»
FLANDRE ORIENTALE.	2½	10,128	16,461	12,750	9,650	4,776	43,637	5,310	5,050	4,724	6,494	21,578	65,215	32,607
	3	210,315	208,496	235,501	240,870	226,880	911,813	210,917	206,518	215,564	232,568	865,367	1,777,180	888,590
	4	38,925	25,625	34,500	37,250	37,000	134,375	32,850	27,000	33,950	42,225	136,025	270,400	135,200
	5	3,450	9,500	10,825	1,375	»	21,700	4,100	10,400	5,100	»	25,600	47,500	23,050

SUITE DU 1er TABLEAU.

PROVINCES.	TIMBRE de centimes	1840. 4me trimestre.	1841. 1er trimestre.	2me trimestre.	3me trimestre.	4me trimestre.	TOTAL.	1842. 1er trimestre.	2me trimestre.	3me trimestre.	4me trimestre.	TOTAL.	TOTAL de 1841 et 1842.	MOYENNE.
Hainaut	2½	26,070	23,022	20,015	23,600	31,012	97,649	27,500	23,250	22,615	27,252	100,617	108,266	90,133
	3	44,200	43,150	43,539	44,560	47,174	178,023	43,150	47,900	55,300	52,165	198,515	376,538	188,269
	4	1,000	2,000	3,350	2,000	1,000	8,350	»	2,000	»	1,500	3,500	11,850	5,925
	5	»	»	»	»	»	»	»	»	»	»	»	»	»
Liége	2½	8,200	700	4,000	1,000	500	6,200	»	»	»	»	»	6,200	3,100
	3	58,000	75,300	78,620	83,750	80,225	317,895	69,200	36,700	52,275	53,100	171,275	489,170	244,585
	4	100,000	46,025	36,726	29,500	29,000	141,251	28,900	58,500	57,000	55,000	199,400	340,651	170,325
	5	95,002	104,125	95,000	104,000	100,000	403,125	106,000	118,000	113,000	112,500	449,500	852,625	426,312
Limbourg	2½	6,000	»	»	»	»	»	»	»	»	»	»	»	»
	3	800	6,399	7,915	6,800	7,975	29,089	7,566	8,000	8,000	8,303	31,869	60,958	30,479
	4	1	»	»	»	»	»	»	»	»	»	»	»	»
	5	»	»	»	»	»	»	»	»	»	»	»	»	»
Luxembourg	2½	4,282	3,784	5,090	4,191	5,750	18,815	5,853	5,400	5,737	5,154	22,144	40,959	20,479
	3	»	»	»	»	»	»	»	»	»	571	571	571	185
	4	»	»	»	»	»	»	»	»	»	»	»	»	»
	5	»	»	»	»	»	»	»	»	»	»	»	»	»
Namur	2½	910	»	800	»	100	900	»	»	»	»	»	900	450
	3	65,250	58,500	58,500	59,500	60,500	237,000	54,500	55,400	56,350	63,064	229,314	466,314	233,157
	4	»	»	»	»	»	»	»	»	»	»	»	»	»
	5	»	»	»	»	»	»	»	»	»	»	»	»	»

RÉCAPITULATION.

PROVINCES.	TIMBRE de centimes	1840. 4me trimestre.	1841. 1er trimestre.	2me trimestre.	3me trimestre.	4me trimestre.	TOTAL.	1842. 1er trimestre.	2me trimestre.	3me trimestre.	4me trimestre.	TOTAL.	TOTAL de 1841 et 1842.	MOYENNE.
Anvers	»	212,310	208,961	211,442	219,395	202,101	841,899	199,743	211,042	218,027	221,001	849,856	1,691,755	845,877
Brabant	»	1,012,502	1,124,975	1,006,092	1,053,088	1,278,871	4,465,010	1,209,007	1,221,004	1,246,698	1,280,802	5,023,571	9,487,187	4,743,593
Flandre occ.	»	86,111	85,341	92,185	93,349	102,595	373,470	102,251	102,795	110,805	108,485	424,336	797,806	398,903
Fland. or.	»	262,818	260,082	293,656	289,151	268,656	1,111,525	253,177	254,068	259,558	281,087	1,048,570	2,160,095	1,080,047
Hainaut	»	71,270	68,172	66,704	69,960	79,186	283,022	70,650	75,150	77,915	80,917	302,632	585,654	292,827
Liége	»	261,202	226,150	214,346	218,250	209,725	868,471	204,100	213,200	202,275	200,000	820,175	1,688,646	844,323
Limbourg	»	6,801	6,399	7,915	6,800	7,975	29,089	7,566	8,000	8,000	8,303	31,869	60,958	30,479
Luxembourg	»	4,282	3,784	5,090	4,191	5,750	18,815	5,853	5,400	5,757	5,525	22,515	41,330	20,665
Namur	»	66,160	58,500	59,300	59,500	60,600	237,900	54,500	55,400	56,350	63,064	229,314	467,214	233,607
Totaux	»	1,983,516	2,042,364	1,956,710	2,014,284	2,215,459	8,227,817	2,106,907	2,144,959	2,185,145	2,253,874	8,752,885	16,980,702	8,495,551

PROVINCES.	TIMBRE de centimes.	1840. 4me trimestre.	1841. 1er trimestre.	1841. 2me trimestre.	1841. 3me trimestre.	1841. 4me trimestre.	1841. TOTAL.	1842. 1er trimestre.	1842. 2me trimestre.	1842. 3me trimestre.	1842. 4me trimestre.	1842. TOTAL.	TOTAL de 1841 et 1842.
		fr c	fr c	fr c	fr c	fr c	fr c	fr c	fr c	fr c	fr c	fr c	fr c
ANVERS.	2½	1,124 18	1,055 50	1,211 71	1,086 01	906 26	4,257 54	776 46	918 71	909 81	955 16	3,500 14	7,797 68
	3	1,949 82	1,923 75	1,828 68	2,263 65	2,097 03	8,113 11	1,478 21	643 71	557 76	550 47	3,230 15	11,343 26
	4	4,195 88	4,094 »	4,080 48	4,020 »	3,860 »	16,054 48	4,596 »	3,941 91	6,321 60	4,421 36	21,280 87	37,335 35
	5	0 20	0 55	0 30	»	22 50	25 13	225 40	225 05	250 15	200 10	900 70	925 85
BRABANT	2½	7,172 18	6,036 48	5,411 73	5,626 28	6,114 52	23,188 81	4,100 58	4,019 48	4,062 50	5,090 15	17,272 71	40,461 52
	3	2,244 21	2,127 78	2,393 81	2,138 46	2,079 15	8,739 20	2,954 21	4,718 10	3,967 77	4,727 49	16,167 57	24,906 77
	4	26,768 85	32,506 92	28,659 20	20,842 20	37,336 12	128,354 44	39,891 32	36,510 20	38,085 56	37,191 32	151,678 80	280,013 24
	5	»	»	»	525 »	1,592 »	2,117 »	250 »	»	»	125 »	375 »	2,492 »
FLANDRE OCCIDENTALE.	2½	1,022 53	1,057 74	1,008 13	799 83	898 93	3,854 03	842 51	304 90	383 65	238 17	1,769 23	5,623 86
	3	661 50	558 50	704 79	1,080 »	1,241 94	3,585 23	1,323 39	1,080 72	2,110 29	2,211 81	7,626 21	11,191 44
	4	926 40	1,003 28	990 08	1,014 24	1,009 60	4,017 80	977 52	983 »	1,004 64	1,009 25	3,974 41	7,992 21
	5	»	»	»	»	»	»	»	»	»	»	»	»
FLANDRE ORIENTALE.	2½	253 20	411 53	318 73	241 25	119 40	1,090 93	132 75	126 25	118 10	162 35	539 45	1,630 38
	3	6,569 45	6,254 88	7,066 83	7,226 28	6,806 40	27,330 39	6,327 51	6,195 54	6,466 92	6,971 04	25,961 01	53,311 40
	4	1,757 »	1,025 »	1,580 »	1,490 »	1,480 »	5,375 »	1,314 »	1,080 »	1,358 »	1,689 »	5,441 »	10,816 »
	5	172 50	475 »	541 »	68 75	»	1,084 75	205 »	820 »	255 »	»	1,280 »	2,364 75
HAINAUT	2½	651 75	575 55	500 58	590 »	775 50	2,441 25	687 50	581 25	565 38	681 30	2,515 43	4,956 66
	3	1,326 »	1,294 50	1,300 17	1,330 80	1,415 22	5,340 69	1,294 50	1,437 »	1,659 »	1,564 95	5,955 45	11,296 14
	4	40 »	80 »	134 »	80 »	40 »	334 »	»	80 »	»	60 »	140 »	474 »
	5	»	»	»	»	»	»	»	»	»	»	»	»
LIÉGE	2½	205 »	17 50	100 »	25 »	12 50	155 »	»	»	»	»	»	155 »
	3	1,740 »	2,250 »	2,558 60	2,512 50	2,406 75	9,536 85	2,076 »	1,101 »	968 25	993 »	5,138 25	14,675 10
	4	4,000 »	1,841 »	1,460 04	1,180 »	1,160 »	5,650 04	1,156 »	2,340 »	2,280 »	2,200 »	7,976 »	13,526 04
	5	4,750 10	5,206 25	4,750 »	5,200 »	5,000 »	20,156 25	5,300 »	5,900 »	5,650 »	5,625 »	22,475 »	42,631 25
LIMBOURG	2½	150 »	»	»	»	»	»	»	»	»	»	»	»
	3	24 »	101 97	257 45	204 »	239 25	872 07	226 98	240 »	240 »	240 09	956 07	1,828 73
	4	0 04	»	»	»	»	»	»	»	»	»	»	»
LUXEMBOURG.	2½	107 05	94 60	127 25	104 78	143 75	470 38	146 53	155 »	145 43	128 85	555 61	1,025 99
	3	»	»	»	»	»	»	»	»	»	11 15	11 15	11 15
	4	»	»	»	»	»	»	»	»	»	»	»	»
	5	»	»	»	»	»	»	»	»	»	»	»	»
NAMUR	2½	22 75	»	20 »	»	2 50	22 50	»	»	»	»	»	22 50
	3	1,057 50	1,755 »	1,755 »	1,785 »	1,815 »	7,110 »	1,655 »	1,662 »	1,690 50	1,891 92	6,879 42	13,989 42
	4	»	»	»	»	»	»	»	»	»	»	»	»
	5	»	»	»	»	»	»	»	»	»	»	»	»

RÉCAPITULATION.

PROVINCES.	TIMBRE de centimes.	1840. 4me trimestre.	1841. 1er trimestre.	1841. 2me trimestre.	1841. 3me trimestre.	1841. 4me trimestre.	1841. TOTAL.	1842. 1er trimestre.	1842. 2me trimestre.	1842. 3me trimestre.	1842. 4me trimestre.	1842. TOTAL.	TOTAL de 1841 et 1842.
		fr c	fr c	fr c	fr c	fr c	fr c	fr c	fr c	fr c	fr c	fr c	fr c
ANVERS.	»	7,270 08	7,051 60	7,121 17	7,369 60	6,885 79	28,428 28	7,076 07	7,710 38	8,059 52	8,157 09	39,971 86	59,400 14
BRABANT	»	36,185 24	40,671 18	36,204 74	38,131 94	47,111 59	162,170 45	47,196 31	45,247 78	46,115 83	46,934 16	185,494 08	347,673 53
FLAND. OC.	»	2,610 43	2,599 52	2,703 60	2,894 07	3,150 47	11,437 60	3,145 42	3,268 62	3,498 58	3,450 23	13,360 85	24,807 31
FLAND. OR.	»	8,292 15	8,166 41	9,506 85	9,026 28	8,405 80	34,905 22	7,979 26	8,221 70	8,198 02	8,821 50	33,220 46	68,125 68
HAINAUT	»	2,017 75	1,950 05	1,934 55	2,000 80	2,230 52	8,115 02	1,982 »	2,098 25	2,224 58	2,306 25	8,610 88	16,726 80
LIÉGE	»	10,695 10	9,523 75	8,077 64	8,917 50	8,579 25	35,498 14	8,552 »	9,341 »	8,898 25	8,818 »	35,589 25	71,087 39
LIMBOURG	»	174 04	101 97	257 45	204 »	239 25	872 07	226 98	240 »	240 »	249 09	956 07	1,728 74
LUXEMBOURG.	»	107 05	94 60	127 25	104 78	143 75	470 38	146 53	155 »	145 43	139 98	564 74	1,035 12
NAMUR.	»	1,980 25	1,755 »	1,755 »	1,785 »	1,817 50	7,112 50	1,655 »	1,662 »	1,690 50	1,891 92	6,879 42	13,991 92
TOTAUX.	»	60,269 09	71,800 14	68,318 15	70,434 03	78,563 92	280,122 22	77,917 57	77,934 52	79,048 31	80,747 11	315,049 31	604,771 53

Ainsi, dans le cours de deux années, la presse périodique a consommé 16,980,702 feuilles de papier timbré, soit, année moyenne, en supposant qu'elle ait atteint aujourd'hui son plus grand développement, 8,490,351 feuilles, ou par jour 23,263 [1]. En 1826, la consommation des provinces méridionales du royaume des Pays-Bas n'était évaluée qu'à 2,660,100 feuilles; elle se trouve donc plus que triplée.

Le nombre total de feuilles de chaque catégorie varie beaucoup d'un trimestre à l'autre dans une même province; il est cependant un fait digne d'être remarqué. Le 2ᵉ trimestre de chacune des deux années est celui qui présente, en total, le chiffre le moins élevé; au 4ᵉ trimestre appartient le chiffre le plus fort. Ce fait tient-il à des causes accidentelles ou bien doit-il être considéré comme normal, et dans ce cas comment peut-il s'expliquer? L'expérience de deux années ne suffit assurément pas pour aborder et résoudre ces questions, c'est assez de les poser aujourd'hui.

Le Brabant seul est pour plus de moitié dans la consommation générale : le Luxembourg et le Limbourg n'y entrent presque pour rien. L'un ne consomme pas en une année un nombre de feuilles égal à celui qui, chaque jour, se consomme dans le royaume entier; l'autre n'absorbe pas en un an la consommation moyenne générale de deux jours.

Le rang des provinces entre elles sous ce rapport peut, du reste, être mieux déterminé au moyen des aperçus suivants, puisés en partie dans les tableaux qui précèdent.

PROVINCES.	NOMBRE MOYEN de FEUILLES TIMBRÉES. (1841 et 1842).	PRODUIT DU TIMBRE en 1841 et 1842.
Anvers	845,877	Fr. 59,400 14
Brabant.	4,743,593	347,673 53
Flandre occidentale	598,903	24,807 51
— orientale	1,080,047	68,125 68
Hainaut.	292,827	16,726 80
Liége	844,323	71,087 59
Limbourg.	30,479	1,728 74
Luxembourg	20,665	1,035 12
Namur	233,607	13,994 92

[1] Le nombre moyen des abonnements est beaucoup plus élévé. La différence s'explique par ce fait, que très-peu de journaux paraissent tous les jours.

PROVINCES.	NOMBRE DE FEUILLES AU TIMBRE DE								RANG quant à la consommation					SUR 10,000 FEUILLES TIMBRÉES dans le royaume,				
	2½ CENTIMES.		3 CENTIMES.		4 CENTIMES.		5 CENTIMES.		GÉNÉRALE.	DE TIMBRE DE				Sont employées dans la province.	SONT AU TIMBRE DE			
	1841.	1842.	1841.	1842.	1841.	1842.	1841.	1842.		2½c.	3c.	4c.	5c.		2½c.	3c.	4c.	5c.
Anvers . .	170,212	145,404	270,412	107,675	401,812	581,810	465	14,014	5	2	5	2	4	996	1,270	797	1,117	150
Brabant. .	927,685	691,107	284,040	556,944	3,208,961	5,788,020	42,340	7,500	1	1	2	1	2	5,584	6,557	1,732	7,947	516
Flandre occ.	154,184	70,769	118,341	254,207	100,445	90,560	»	»	5	5	7	5	»	470	911	786	227	»
Fland. orien.	43,637	21,578	911,813	865,367	154,375	136,025	21,700	25,600	2	5	1	4	5	1,272	264	5,746	507	490
Hainaut. .	97,640	100,617	178,023	198,515	9,550	5,500	»	»	6	4	6	6	»	546	803	796	15	»
Liége . .	6,200	»	517,895	171,275	141,251	199,400	405,125	449,500	4	7	5	5	1	995	25	1,031	587	8,844
Limbourg .	»	»	29,089	51,809	»	»	»	»	8	»	8	»	»	57	»	128	»	»
Luxembourg.	18,815	32,144	»	571	»	»	»	»	9	6	9	»	»	25	166	1	»	»
Namur . .	900	»	257,000	229,514	»	»	»	»	7	8	4	»	»	275	4	985	»	»
Totaux.	1,419,282	1,049,619	2,547,715	2,595,557	3,906,194	4,808,115	467,028	496,614	»	»	»	»	»	10,000	10,000	10,000	10,000	10,000
Tot. des 2 an.	2,468,901		4,745,250		8,804,309		964,242											
Moyennes.	1,254,450		2,371,625		4,402,154		482,121											

Ce tableau indique le développement proportionnel des journaux de chaque format. Plus tard, lorsque les mêmes faits auront été constatés pendant un certain nombre d'années, l'on pourra reconnaître, soit pour tout le royaume, soit pour les provinces en particulier, si les proportions changent, et notamment si la tendance générale est vers l'augmentation ou vers la réduction du format.

Un seul journal, celui de la province de Liége, est d'une dimension supérieure à 52 décimètres carrés, et paye le droit de 5 centimes. Partout ailleurs, l'on paraît ne s'être servi qu'accidentellement et en petite quantité, de feuilles de ce format.

Dans les provinces d'Anvers et de Brabant, les feuilles frappées du droit de 4 centimes sont consommées en plus grand nombre que celles soumises soit au timbre de $2\frac{1}{2}$ centimes, soit au timbre de 5 centimes. La presse de la capitale, qui fait usage de feuilles soumises au timbre de 4 centimes, absorbe à elle seule plus du tiers de la consommation générale du royaume.

Le nombre de feuilles timbrées à 5 centimes est plus fort pour la Flandre orientale et le Hainaut que celui des autres catégories réunies. Les différences de format sont moins considérables dans la Flandre occidentale; elles le sont moins aussi dans la province de Liége.

Le développement de la presse périodique est donc bien loin d'être partout dans le même rapport avec l'importance, la population, l'activité politique ou industrielle des provinces. L'inégalité la plus frappante concerne le Hainaut en premier lieu, et en deuxième lieu la Flandre occidentale. Leur part, dans le mouvement de la presse, est de beaucoup inférieure à celle que semblerait devoir leur assigner la population de leur territoire et sa richesse. L'influence des grandes villes est d'ailleurs sensible : les provinces ont entre elles le même rang que leurs chefs-lieux respectifs sous le rapport de la population. Voici en effet la population [1] des villes chefs-lieux de province, à la suite des numéros d'ordre qui indiquent le rang des provinces elles-mêmes :

1. Bruxelles.	106,921	4. Liége . .	66,464	7. Namur . .	21,505
2. Gand . . .	96,890	5. Bruges .	46,240	8. Hasselt . .	8,210
3. Anvers . .	79,029	6. Mons . .	23,541	9. Arlon. . .	4,308

Le produit du timbre des journaux s'est élevé à fr. 604,771 53 cᵉ pendant les deux années 1841 et 1842, soit, année moyenne, à fr. 302,385 76 cᵉ. En 1826 il était de fl. 53,202 ou fr. 112,596 82 cᵉ. La part des provinces est naturellement proportionnelle au nombre et au format des feuilles timbrées : permettez-moi néanmoins, Monsieur, de puiser encore sur ce point quelques chiffres dans l'un des tableaux qui précèdent, afin de mieux distinguer les catégories de journaux de diverse dimension.

[1] Population, relevé décennal 1831-1840. — Publ. offic. 1842.

PROVINCES.	PRODUIT DU TIMBRE DE							
	2 ½ CENTIMES.		5 CENTIMES.		4 CENTIMES.		5 CENTIMES.	
	1841.	1842.	1841.	1842.	1841.	1842.	1841.	1842.
Anvers. . . .	4,237 54	3,560 14	8,113 11	5,250 15	16,054 48	21,280 87	25 15	900 70
Brabant . . .	25,188 81	17,272 71	8,730 20	16,167 57	128,554 44	151,678 80	2,117 »	575 »
Flandre occid. .	5,854 65	1,769 25	5,565 25	7,626 21	4,017 80	5,974 41	»	»
Flandre orient. .	1,090 93	539 45	27,550 59	25,961 01	5,375 »	5,441 »	1,084 75	1,280 »
Hainaut . . .	2,441 25	2,515 43	5,340 69	5,955 45	554 »	140 »	»	»
Liége	155 »	»	9,556 85	5,158 25	5,650 04	7,976 »	20,156 25	22,475 »
Limbourg. . .	»	»	872 67	956 07	»	»	»	»
Luxembourg . .	470 58	555 61	»	11 15	»	»	»	»
Namur. . . .	22 50	»	7,110 »	6,879 42	»	»	»	»
TOTAUX. . .	55,461 02	26,210 57	70,628 14	71,925 26	159,765 76	190,491 08	25,581 15	25,050 70
TOTAUX des 2 ann.	61,671 59		142,555 40		550,256 84		48,411 85	
MOYENNES. . .	50,855.79		71,276.70		175,128.42		24,205.92	

D'après les états du timbre, il est aisé de calculer, avec assez d'exactitude, le nombre moyen des abonnements; il suffit en effet de diviser le nombre de feuilles présentées au timbre, par le nombre de fois que le journal paraît; l'on obtient comme quotient la moyenne des abonnements. Le calcul, s'il était fait par trimestre, aurait peu de valeur; il offrirait des résultats inexplicables et contraires à la vérité des faits, parce que le timbre n'est pas apposé jour par jour ou à des époques fixes, mais que les intéressés présentent, selon leurs convenances et les besoins de leur consommation, une plus ou moins grande quantité de papier, pour être frappé du timbre. Des moyennes annuelles se rapprochent davantage de la réalité.

Ainsi établie, la moyenne est plutôt au-dessus qu'au-dessous du nombre effectif des abonnements, et surtout des abonnements payés, car il existe nécessairement quelques distributions gratuites, soit à titre d'échange avec d'autres journaux, soit aux propriétaires, rédacteurs, collaborateurs ou correspondants : d'un autre côté, des suppléments soumis au timbre sont parfois publiés. Je reconnais donc, Monsieur, que certains journaux pourront prétendre avec quelque raison qu'ils possèdent un peu moins d'abonnés que je ne leur en assigne, d'après la perception du droit de timbre, mais ceux qui prétendraient posséder un plus grand nombre d'abonnés feraient implicitement l'aveu de contraventions commises au préjudice du trésor.

Il m'a paru intéressant de grouper d'abord ces moyennes du nombre des abonnements, par années et par provinces, sauf à considérer ensuite séparément les principaux journaux politiques.

Voici le premier aperçu des faits relatifs aux abonnements.

ANNÉES.	Anvers.	Brabant.	Flandre occidentale.	Flandre orientale.	Hainaut.	Liége.	Limbourg.	Luxembourg.	Namur.	TOTAL. par année.
1830	1,430	9,070	478	4,531	1,566	4,575	»	»	297	21,747
1831	2,760	11,202	505	5,027	1,912	3,636	»	»	280	23,522
1832	2,589	10,077	574	5,335	961	3,184	»	136	472	23,328
1833	2,569	9,894	450	4,386	935	2,647	238	95	437	21,651
1834	2,448	9,430	506	4,687	927	2,772	140	85	573	21,566
1835	3,051	11,043	979	4,085	1,578	2,873	79	85	294	24,403
1836	2,468	10,841	781	4,786	1,198	2,797	54	168	294	23,387
1837	1,476	12,434	781	4,606	1,117	2,826	»	310	327	23,877
1838	2,049	10,857	872	4,489	1,320	3,166	»	217	249	23,219
1839	2,908	10,985	928	5,325	1,790	3,462	134	226	824	26,580
1840	5,150	14,404	1,448	6,043	1,591	3,472	165	174	799	34,996
1841	4,964	17,153	2,005	7,084	1,751	2,723	194	178	826	37,060
1842	4,859	15,999	2,547	7,250	2,251	3,519	204	212	751	37,805
Total par provinces .	38,771	153,389	12,654	68,230	18,497	41,652	1,208	1,882	6,225	344,799
Moyennes par provinces .	2,982	11,799	973	5,248	1,423	3,204	93	145	479	26,523

Le nombre des abonnements, stationnaire pendant quelques années, s'est donc accru assez rapidement dans ces derniers temps, non toutefois dans une proportion aussi forte que le nombre des journaux.

Quelque habitué que l'on soit à lire dans les chiffres, l'on aime à se représenter sous une autre forme qui rende les faits plus sensibles et d'une plus facile appréciation, les quantités différentes dont les nombres sont l'expression. Les observateurs de phénomènes naturels figurent, au moyen de courbes, les variations du baromètre ou de l'aiguille magnétique; j'appliquerai, si vous le voulez bien, la même méthode à retracer les vicissitudes des abonnements, ce phénomène d'un si haut intérêt pour la presse.

Le tableau n° 1 donne la courbe de l'abonnement pour les provinces séparément et pour le royaume entier. Le Limbourg et le Luxembourg n'y sont pas portés, parce que, pendant plusieurs années, il n'existait pas de journaux dans ces provinces, et que les variations seraient à peine sensibles si l'on voulait, au moyen de courbes, représenter des nombres très-faibles [1].

Aux années 1833 et 1834 correspond pour plusieurs provinces et en total pour le royaume le nombre *minimum* des abonnements. Depuis 1839 au contraire la progression est très-marquée dans la plupart des provinces.

La signification des moyennes données pour les provinces peut, jusqu'à un certain point, être contestée. La clientèle des journaux peut être disséminée sur le territoire de plusieurs provinces ou même de tout le royaume, mais je n'hésite pas à poser en fait que les grands journaux de la capitale et deux ou trois journaux d'Anvers, sont seuls dans cette condition. Tous les autres se trouvent presqu'exclusivement répandus, soit dans un arrondissement, soit dans une province.

S'il en est ainsi, il devient possible d'établir le rapport entre le nombre des abonnements et la population, ou même jusqu'à un certain point la richesse des diverses parties du royaume. La population peut être connue; la richesse comparative est plus difficile à constater; la part proportionnelle de chaque province dans le payement des impôts peut néanmoins servir de base et d'élément à un calcul approximatif.

Dans le tableau qui suit, le rapport entre le nombre des abonnements et la population est calculé séparément, d'après le *minimum*, le *maximum* et la moyenne des abonnements pour chaque province. L'impôt est mis en rapport avec cette moyenne seulement.

[1] Ces lignes n'ont pu être ramenées à une base commune : elles n'indiquent donc pas la position des provinces les unes à l'égard des autres, mais seulement les variations du nombre des abonnés dans chaque province prise isolément et dans le royaume entier.

PROVINCES.	MINIMUM DES ABONNEMENTS.				MAXIMUM DES ABONNEMENTS.				MOY. DES ABONNEM.		IMPÔTS.	
	ANNÉE du minim.	POPULATION pendant cette année.	Nombre minimum des abonnem^s.	Rapport à la populat^n. — Un abonnement sur	ANNÉE du maxim.	POPULATION pendant cette année.	Nombre maximum des abonnem^s.	Rapport à la populat^n. — Un abonnement sur	Nombre moyen des abonnements.	Rapport à la pop. en 1840. — Un abonnement sur	Part des provinces dans les impôts proprement dits	Rapport à la moyenne des abonn^s. — Un abon^t. sur
Anvers . . .	1830	¹ 349,942	1,450	244 hab.	1841	371,157	4,964	74 hab.	2,982	124 hab.	² 12,733,000	4,269 fr.
Brabant. . .	1830	561,828	9,070	62 »	1841	621,072	17,155	36 »	11,799	52 »	16,088,000	1,363 »
Flandre occid.	1833	612,168	450	1500 »	1842	646,054	2,347	275 »	973	662 »	10,073,000	10,352 »
Flandre orient.	1835	745,107	4,386	170 »	1842	779,466	7,250	107 »	5,248	148 »	12,508,000	2,385 »
Hainaut. . .	1834	624,225	927	673 »	1842	661,701	2,251	204 »	1,423	465 »	14,143,000	9,939 »
Liége . . .	1833	580,471	2,647	144 »	1830	375,030	4,575	82 »	3,204	127 »	7,921,000	2,622 »
Limbourg . .	»	»	»	»	1835	162,111	258	680 »	95	1827 »	2,615,000	28,118 »
Luxembourg .	»	»	»	»	1839	172,657	226	765 »	145	1190 »	1,970,000	13,586 »
Namur . . .	1838	252,825	249	931 »	1841	258,862	826	289 »	479	498 »	4,000,000	8,352 »
Le ROYAUME .	1834	3,846,949	21,366	185 hab.	1842	4,073,162	37,805	108 hab.	26,523	155 hab.	82,055,000	3,004 fr.

1 Les données relatives à la population sont puisées dans le relevé décennal publié en 1842 par le département de l'intérieur. Le chiffre de 1831 est pris pour 1830; celui de 1840 pour 1841 et 1842.

2 Ces chiffres se rapportent à l'année 1839; ils ne peuvent être considérés que comme approximatifs. (Voyez l'*Essai de statistique générale de la Belgique*, par M. Houschling, 2ᵉ édition, pag. 416.)

En ce qui concerne les provinces d'Anvers et de Brabant, ce tableau ne doit être accepté, je le reconnais, que sous certaines réserves, parce que quelques journaux qui s'y publient sont assez répandus dans d'autres provinces. L'inégalité qui existe entre les autres n'en est pas moins remarquable.

Il est du reste possible que les différences soient compensées, en partie, par les abonnements aux journaux étrangers. Ceux-ci sont timbrés à la poste au moment de la réception; j'ignore si des renseignements ont été recueillis sur le nombre et la répartition, entre les divers bureaux des postes, des journaux français, anglais et allemands distribués en Belgique; mais ces indications, que je regrette de ne pouvoir vous donner, présenteraient assurément un vif intérêt; l'on connaîtrait entre autres si la faiblesse relative de la presse belge dans l'une des provinces qui touchent au territoire de la France, peut-être attribuée, du moins partiellement, à la réception d'un grand nombre de journaux étrangers.

La conquête des abonnés, la concurrence, s'était faite d'une manière régulière et en quelque sorte pacifique, lorsqu'au commencement de cette année, la presse périodique a paru se lancer dans une voie toute nouvelle. Le prospectus d'un journal de grand format, fondé dans la capitale [1], a offert à ses abonnés, outre la feuille quotidienne, un volume par semaine. Le prix d'abonnement au journal et aux publications qui l'accompagnent est de 50 francs par année. Des révélations faites alors au public, il résulte que chaque volume coûte environ 15 centimes. Grand a été l'émoi causé par l'apparition de cette belle idée, non-seulement parmi ceux dont un pareil mode de concurrence pouvait léser les intérêts matériels, mais surtout parmi ceux qui se préoccupent des intérêts moraux des populations. D'autres journaux se sont empressés d'offrir les mêmes publications à leurs abonnés, et l'on a pu craindre un instant qu'un demi-million de petits romans de tout genre ne fût jeté chaque année dans la consommation. Aujourd'hui déjà le bruit est apaisé; des distributions se font encore, mais elles paraissent être peu nombreuses, et le doute sur leur continuation se fait jour de toutes parts.

Il est donc permis de considérer ces faits comme un simple incident; je puis me borner à les mentionner ici.

Jetons maintenant un coup d'œil rétrospectif sur la fortune politique des principaux journaux qui existaient au 31 décembre 1842; constatons, sans prétendre toutefois en expliquer les causes, la marche progressive de quelques-uns, la décadence ancienne ou récente de certains autres.

[1] Ce journal ayant commencé à paraître à la fin de 1842, n'est point compris au nombre de ceux qui font l'objet de cette notice.

TITRE DES JOURNAUX.	Nombre de fois qu'ils paraissent.	MOYENNE DU NOMBRE DES ABONNEMENTS.													NOMBRE ET DATE DU NOMBRE	
		1830.	1831.	1832.	1833.	1834.	1835.	1836.	1837.	1838.	1839.	1840.	1841.	1842.	MINIMUM.	MAXIMUM.
Anvers.																
Le Précurseur	7	»	»	»	»	»	449	489	560	758	702	714	775	820	560 en 1837	820 en 1842
Journal d'Anvers	6	694	787	775	667	574	691	580	518	287	646	646	600	516	287 en 1838	787 en 1831
Journal du Commerce d'Anvers	6	»	440	408	405	467	458	397	189	108	385	575	559	578	189 en 1837	407 en 1834
TOTAL.	»	694	1,227	1,185	1,162	1,041	1,598	1,466	867	1,243	1,753	1,755	1,745	1,723		
Brabant.																
L'Émancipation	7	»	602	1,261	1,827	1,578	1,730	1,872	2,131	2,449	2,589	2,420	2,208	1,905	602 en 1831	2,589 en 1839
Le Journal de Bruxelles	7	»	»	»	»	»	»	»	»	»	»	»	1,489	1,645	»	»
Le Globe	7	»	»	»	»	»	»	»	»	»	»	»	1,279	1,988	»	»
L'Observateur	7	»	»	»	»	»	»	494	785	795	1,199	1,546	1,508	1,509	494 en 1836	1,509 en 1842
L'Indépendant	7	»	»	606	1,044	756	1,111	1,134	1,097	1,052	1,234	1,234	1,214	1,418	606 en 1832	1,418 en 1842
Le Courrier belge	7	4,485	4,820	1,336	1,084	987	951	819	689	656	576	477	443	304	304 en 1842	4,820 en 1831
Le Journal de la Belgique	7	1,590	1,662	1,745	1,475	1,358	1,285	1,251	1,214	1,246	1,249	1,129	965	682	682 en 1842	1,745 en 1832
Le Commerce belge	7	»	»	»	»	»	390	498	588	387	435	418	387	359	359 en 1842	498 en 1836
Le Patriote belge	7	»	»	»	»	»	»	»	»	»	»	196	169	210	»	»
Le Belge	7	845	897	737	614	578	590	554	488	457	472	439	380	545	545 en 1842	897 en 1831
Méphistophélès	2	»	652	654	605	500	651	565	444	410	558	299	254	203	203 en 1842	654 en 1832
TOTAL.	»	6,020	8,613	6,559	6,047	5,737	6,707	7,167	7,236	7,452	8,112	7,967	10,276	10,628		
Flandre occidentale.																
Le Journal de Bruges	6	95	101	102	91	82	227	213	172	189	181	289	517	519	82 en 1834	519 en 1842
Le Nouvelliste	6	»	»	»	»	»	»	»	90	102	166	245	249	234	90 en 1837	249 en 1841
TOTAL.	»	95	101	102	91	82	227	213	262	291	347	534	566	553		
Flandre orientale.																
Le Messager de Gand	7	756	689	790	594	820	713	662	580	572	592	612	615	598	572 en 1838	820 en 1834
Le Journal des Flandres	6	960	1,162	849	502	508	398	362	441	463	404	308	260	251	251 en 1842	1,162 en 1831
Le Vaderlander	5	1,324	1,372	1,664	1,151	1,378	1,557	1,562	1,422	1,025	1,125	872	825	743	743 en 1842	1,664 en 1832
L'Organe des Flandres	6	»	»	»	»	»	»	»	»	»	407	349	252	251	251 en 1842	407 en 1839
Le Vlaming	2	»	»	»	»	»	»	»	»	»	333	654	691	672	333 en 1839	691 en 1841
TOTAL.	»	3,029	3,223	3,303	2,287	2,706	2,648	2,586	2,443	2,062	2,861	2,793	2,650	2,515		
Hainaut.																
La Gazette de Mons	6	»	»	»	»	»	»	»	»	»	399	312	327	295	295 en 1842	399 en 1839
Le Modérateur	2	»	»	»	»	»	»	»	224	228	185	197	178	188	178 en 1841	228 en 1838
TOTAL.	»	»	»	»	»	»	»	»	224	228	584	509	505	483		
Liége.																
Le Journal de Liége	6	1,594	1,255	1,079	875	1,012	1,066	1,110	1,203	1,247	1,325	1,394	1,314	1,502	875 en 1833	1,594 en 1830
La Tribune	6	»	»	»	»	»	»	»	»	»	»	»	420	346		
La Gazette de Liége	6	»	»	»	»	»	»	»	»	»	»	204	575	597		
TOTAL.	»	1,594	1,255	1,079	875	1,012	1,066	1,119	1,203	1,247	1,325	1,598	2,109	2,045		
Limbourg.																
Le Journal du Limbourg belge	3	»	»	»	»	»	»	»	»	»	»	165	196	204		
Luxembourg.																
L'Écho du Luxembourg	2	»	»	»	»	»	»	55	152	217	226	174	164	122	55 en 1836	226 en 1839
Namur.																
L'Ami de l'Ordre	6	»	»	»	»	»	»	»	»	»	588	455	514	385	385 en 1842	455 en 1840
L'Éclaireur	6	»	»	265	258	210	244	244	277	199	331	293	311	308	199 en 1838	331 en 1839
TOTAL.	»	»	»	265	258	210	244	244	277	199	719	746	825	693		

Parmi les 130 journaux qui se publiaient à la fin de 1842, force m'a été de faire un choix; j'ai réuni les noms de 30 d'entre eux dont il m'a paru le plus curieux d'étudier la marche. Toutes les opinions et même tous les intérêts sont d'ailleurs représentés dans cette petite phalange.

Le *Moniteur belge* est omis au tableau. Spécialement consacré au compte-rendu des délibérations des chambres et à la publication des actes du Gouvernement, doté au moyen du Budget, distribué gratuitement aux membres de la Législature et à un grand nombre de fonctionnaires ou d'autorités, ce journal ne peut être l'objet d'aucune comparaison avec d'autres. Il possède peu d'abonnés payants; grave et discret comme un personnage officiel, sa position spéciale lui enlève la plupart des conditions de succès qu'un journal peut trouver dans ses inspirations libres, dans le talent et le goût avec lequel il affriande la curiosité publique.

Presque tous les journaux compris au tableau ont éprouvé, quant au nombre de leurs abonnés, de fortes variations : quelques-uns, depuis leur naissance, ont suivi, pour ainsi dire constamment, une marche progressive, d'autres semblent être entrés récemment ou se trouver depuis plus longtemps dans une période d'affaiblissement.

Un autre fait encore ressort de ce tableau, c'est qu'aucun organe de la presse ne possède de prépondérance très-marquée, aucun par l'immense étendue de sa publicité ne peut, sous ce rapport, être comparé à certains journaux créés, soit en France, soit dans votre pays. Un journal qui luttait au premier rang avec l'opposition constitutionnelle et nationale, pendant les dernières années du royaume des Pays-Bas, avait, en 1830 et en 1831, conservé une supériorité très-grande sur tous les autres; cette position si belle a été bientôt perdue. Sans doute, pour expliquer de pareils revirements de fortune, il faut faire la part des fautes et des erreurs dans la direction d'un écrit périodique, ainsi que des effets d'une concurrence puissante, et de changements dans le personnel de la rédaction; mais, pour comprendre la dissémination des forces de la presse, il faut aussi tenir compte des habitudes du pays et de ses institutions. Or, en Belgique plus qu'ailleurs, parce que l'unité nationale est créée depuis peu, les souvenirs, les habitudes des temps d'autrefois ont conservé leur empire; dans plusieurs provinces existent de grands centres de population, d'intérêts, d'activité industrielle ou politique; la capitale compte presque des rivales, ou du moins elle ne possède pas, à l'égard d'autres villes, l'influence prépondérante de Paris ou de Londres. Le régime de liberté absolue, surtout dans de telles circonstances, doit décentraliser la presse, et par suite en affaiblir les organes.

Des résultats analogues se produisent dans l'Amérique du Nord. « Le nombre des » écrits périodiques ou semi-périodiques aux États-Unis dépasse toute croyance, » dit M. de Tocqueville. Les Américains les plus éclairés attribuent à cette incroya- » ble dissémination des forces de la presse son peu de puissance : c'est un axiome

» de la science politique aux États-Unis que le seul moyen de neutraliser les effets
» des journaux est d'en multiplier le nombre. Je ne saurais me figurer qu'une vérité
» aussi évidente ne soit pas encore devenue chez nous plus vulgaire [1]. »

Ces paroles peuvent s'appliquer jusqu'à un certain point à la Belgique.

S'il est permis de considérer comme exactes les données publiées récemment sur les principaux journaux de l'Allemagne [2]; la plupart jouissent d'un plus grand nombre d'abonnés que les diverses catégories de journaux belges publiés soit dans la capitale, soit dans les provinces.

Ainsi	4	journaux ont de	. . . .	8,000 à 10,200	abonnés.
»	6	» de	. . . .	6,000 à 8,000	id.
»	7	» de	. . . .	3,000 à 6,000	id.
»	8	» de	. . . .	2,000 à 3,000	id.
»	15	» de	. . . .	1,000 à 2,000	id.
»	14	» de	. . . .	500 à 1,000	id.

Total . . . 54

L'on ajoute que les journaux qui ont le plus d'abonnés en Allemagne n'ont point de caractère politique déterminé. Le plus répandu des journaux d'opposition prononcée, la *Gazette de Königsberg*, a seulement 2,200 abonnés.

Après cette excursion outre Rhin, revenons, Monsieur, à nos journaux belges. Quelques croquis que je vous adresse figurent, pour ceux qui, durant une existence assez longue, ont subi des vicissitudes notables, la courbe des abonnements, comme je l'ai déjà figurée pour les provinces et pour le royaume entier [3].

La presse, qui s'alimente exclusivement d'épigrammes ou de satires, j'allais presque dire, d'injures ou de calomnies, ne compte en Belgique qu'un seul organe, *le Méphistophélès*, puisqu'il faut l'appeler par son nom. Loin d'être en voie de progrès, ce journal, qui possédait 654 abonnés en 1832, n'en a conservé que 203 en 1842. Aucune autre publication de ce genre n'a pu durer.

Comme développppement du tableau qui indique pour les principaux journaux le nombre moyen des abonnements, il m'a paru intéressant de placer en regard de leurs noms, l'indication : 1° du format, 2° du prix d'abonnement, 3° du produit brut approximatif d'après la moyenne de 1842, 4° de la somme payée pour droit de timbre, 5° du rapport proportionnel du timbre au produit brut, 6° du produit brut restant après déduction du timbre.

Tel est l'objet du tableau suivant :

[1] *De la démocratie en Amérique*, t. II, p. 26, édit. de Bruxelles.
[2] *Gazette de la presse de Leipzig*, citée par l'*Émancipation*. N° du 3 mai 1843.
[3] Voyez les tableaux annexés n°ˢ 2 et 3.

TITRE DES JOURNAUX.	Nombre de fois qu'ils paraissent.	Papier au timbre de centimes.	Prix d'abonnement par trimestre au bureau.	Moyenne des abonnés en 1842.	Produit approximatif des abonnements.	Droit de timbre payé.	Rapport du droit de timbre au produit brut.	Somme restant après déduction du timbre.
			fr cs		fr	fr cs		fr cs
Anvers.								
Précurseur.	7	4	15 »	829	49,740	12,092 35	0,243	37,647 65
Journal d'Anvers.	6	4	15 »	516	26,832	6,671 »	0,248	20,161 »
Journal du Commerce d'Anvers . .	6	4	14 50	378	21,924	4,804 36	0,219	17,119 64
Brabant.								
L'Émancipation	7	4	15 »	1,905	114,300	27,512 »	0,240	86,788 »
Le Journal de Bruxelles	7	4	12 50	1,645	82,250	23,840 »	0,289	58,410 »
Le Globe	7	4	10 »	1,988	79,520	28,724 »	0,361	50,796 »
L'Observateur	7	4	15 »	1,509	90,540	21,800 »	0,240	68,740 »
L'Indépendant	7	4	15 »	1,418	85,080	20,480 »	0,240	64,240 »
Le Courrier Belge	7	4	14 »	564	20,384	5,280 »	0,259	15,104 »
Journal de la Belgique	7	3	10 »	682	27,280	7,950 »	0,291	19,330 »
Commerce Belge.	7	3	14 »	539	20,104	3,900 »	0,194	16,204 »
Patriote Belge.	7	3	12 r	210	10,080	2,282 82	0,226	7,797 18
Le Belge	7	2½	14 »	345	19,320	3,125 »	0,161	16,195 »
Méphistophélès	2	3	10 »	203	8,120	604 75	0,074	7,515 25
Flandre occidentale.								
Journal de Bruges	6	4	12 »	319	15,512	3,974 41	0,259	11,337 59
Le Nouvelliste	6	3	10 50	254	9,828	2,189 25	0,223	7,638 75
Flandre orientale.								
Le Messager de Gand	7	3	14 50	598	34,684	6,480 »	0,187	28,204 »
Journal des Flandres	6	4	12 50	251	12,550	3,129 »	0,249	8,421 »
Vaderlander.	5	3	4 »	743	11,888	3,485 »	0,293	8,405 »
Organe des Flandres	6	3	11 »	251	11,044	2,730 »	0,247	8,314 »
Vlaming.	2	3	4 »	672	10,752	2,097 »	0,196	8,655 »
Hainaut.								
Gazette de Mons	6	3	11 »	295	12,980	2,755 50	0,212	10,224 50
Modérateur	3	2½	7 »	188	5,264	758 18	0,140	4,525 82
Liége.								
Journal de Liége	6	5	12 »	1,302	62,496	20,298 »	0,324	42,198 »
La Tribune	6	4	11 »	346	15,224	4,316 »	0,283	10,908 »
La Gazette de Liége	6	4	11 »	597	17,468	4,620 »	0,264	12,848 »
Limbourg.								
Journal du Limbourg	3	3	5 75	204	4,692	956 07	0,203	3,735 95
Luxembourg.								
L'Écho du Luxembourg	2	2½	6 »	122	2,928	320 63	0,109	2,607 37
Namur.								
L'Ami de l'Ordre.	6	3	9 »	385	13,860	3,600 »	0,259	10,260 »
L'Éclaireur	6	3	10 »	508	12,320	3,097 50	0,251	9,222 50

Le droit de timbre est donc, pour un grand nombre de journaux, égal ou supérieur à 24 pour cent du produit des abonnements. Des 30 journaux portés au tableau, 18 forment cette catégorie. Le *Globe*, à raison du prix peu élevé de l'abonnement, les conditions de la publication étant d'ailleurs les mêmes que pour d'autres journaux, paye au timbre au delà de 36 p. %. Le *Journal de Liége*, qui seul fait habituellement usage de papier timbré à 5 centimes, paye plus de 32 p. %.

Les journaux qui, par suite des conditions d'abonnement combinées avec l'impôt, payent moins de 24 p. % sont au nombre de 12, savoir :

1° Le Patriote belge . . . . 0,22 $\frac{6}{10}$.

2° Le Nouvelliste de Bruges . . . . 0,22 $\frac{3}{10}$.

3° Le Journal du Commerce d'Anvers . . . . 0,21 $\frac{9}{10}$.

4° La Gazette de Mons . . . . 0,21 $\frac{2}{10}$.

5° Le Journal du Limbourg. . . . . 0,20 $\frac{3}{10}$.

6° Le *Vlaming*. . . . . 0.19 $\frac{6}{10}$.

7° Le Commerce belge . . . . 0,19 $\frac{4}{10}$.

8° Le Messager de Gand. . . . . 0,18 $\frac{7}{10}$.

9° Le Belge. 0,16 $\frac{1}{10}$.

10° Le Modérateur 0,14

11° L'Écho du Luxembourg . . . . 0,10 $\frac{9}{10}$.

12° Le Méphistophélès. . . . . 0,07 $\frac{4}{10}$.

Le produit brut approximatif des abonnements, déduction faite du timbre,

Pour 11 journaux n'atteint pas . . . . . 10,000 francs.

» 10 » il est de . . . . . . 10,000 à 20,000 francs.

» 2 » » . . . . . . 20,000 à 30,000 id.

» 2 » » . . . . . . 30,000 à 50,000 id.

» 5 » plus de . . . . 50,000 id.

Total . . . 30

Si j'étais journaliste, je vous adresserais, Monsieur, pour compléter ces notions sur la presse, une copie fidèle du compte des dépenses et des produits de mon entreprise, mais comme je n'ai pas cet honneur, je me bornerai à indiquer quelques points principaux.

5

A l'actif apparent, il faut ajouter le produit des annonces, lequel varie selon les localités, le format, le caractère et la position du journal.

De l'actif apparent, il faut déduire :

1° Les numéros d'échange avec d'autres journaux, les distributions gratuites aux rédacteurs, collaborateurs, propriétaires, etc. ;

2° Les remises qu'il est d'usage de faire aux libraires ou autres correspondants qui reçoivent les abonnements ;

3° La remise accordée assez généralement aux cafés, lieux publics, etc. ;

4° Les frais de rédaction, de production, les abonnements aux journaux étrangers ;

5° Les frais généraux, tels que le loyer des locaux, l'entretien et le renouvellement du matériel ; le traitement d'employés, d'expéditeurs, de porteurs ; le timbre de journaux étrangers, les frais de correspondance, etc.

Afin de mieux juger la position matérielle des journaux, permettez-moi d'établir un bilan fictif, comprenant les éléments de recette et de dépense que je puis évaluer. Comme exemple, je supposerai qu'il existe à Bruxelles un journal de grand format, au prix de 15 francs par trimestre et jouissant de 1400 abonnés.

DÉPENSES.		RECETTES.	
1° Timbre 501,200 feuilles pour 358 N°ˢ, à 4 centimes la feuille, ci . . . fr.	20,048	1° Abonnements 84,000 fr. Après déduction d'un huitième pour distribution gratuites, remises de diverses nature, etc. . . . . fr.	73,500
2° Papier 22 fr. les 1,000 feuilles. . . .	11,026	2° Annonces.	15,000
3° Frais de composition et de tirage, 61 francs par numéro	22,838		88,500
4° Frais généraux.	9,000		
Total de ces dépenses . . . . . fr.	62,912	A déduire les dépenses ci-contre. .	62,912
		Reste. . . . . fr.	25,588

L'on peut conclure de cet aperçu, que la plupart des journaux ne doivent guère laisser de bénéfices à leurs fondateurs ou actionnaires. En effet, la position avantageuse que j'ai supposée forme une rare exception, et dans ce cas même, tandis que toutes les recettes figurent à l'actif, des dépenses très-considérables, telles entre autres que les frais de rédaction, ne sont point portées au passif, parce que je ne puis les évaluer avec quelque exactitude : elles réduisent sans doute de beaucoup le solde apparent, si même elles ne l'absorbent pas.

Indépendamment de ces renseignements sur l'existence matérielle de la presse belge, peut-être désirerez-vous, Monsieur, une statistique morale ; quelques données

au moins sur le mérite, le caractère, le genre de polémique des principaux journaux, sur l'esprit qui les anime; quelques classifications établies d'après les partis
dont ils se posent les organes.

Une telle œuvre est trop vaste, trop délicate pour l'entreprendre aujourd'hui. Je
ne dirai point, ce serait manquer de franchise, que je ne possède aucun des éléments qui me seraient nécessaires, car j'ai suivi, et depuis longtemps j'étudie la
marche de la presse en Belgique; mais, sans parler d'autres motifs qui m'engagent
à m'abstenir, je dois reconnaître que beaucoup de documents me feraient encore
défaut, si, au lieu d'analyser des faits faciles à saisir, il me fallait justifier auprès
de vous des appréciations qui n'emportent pas avec elles-mêmes leurs preuves.

« Si j'avais la main pleine de vérités, disait Fontenelle, je me garderais bien de
» l'ouvrir..... » Après avoir, dans un long entretien, oublié ce conseil prudent et
sage, il est temps, Monsieur, que je ferme la main.... du moins pour cette fois.

    Agréez, etc.   ***

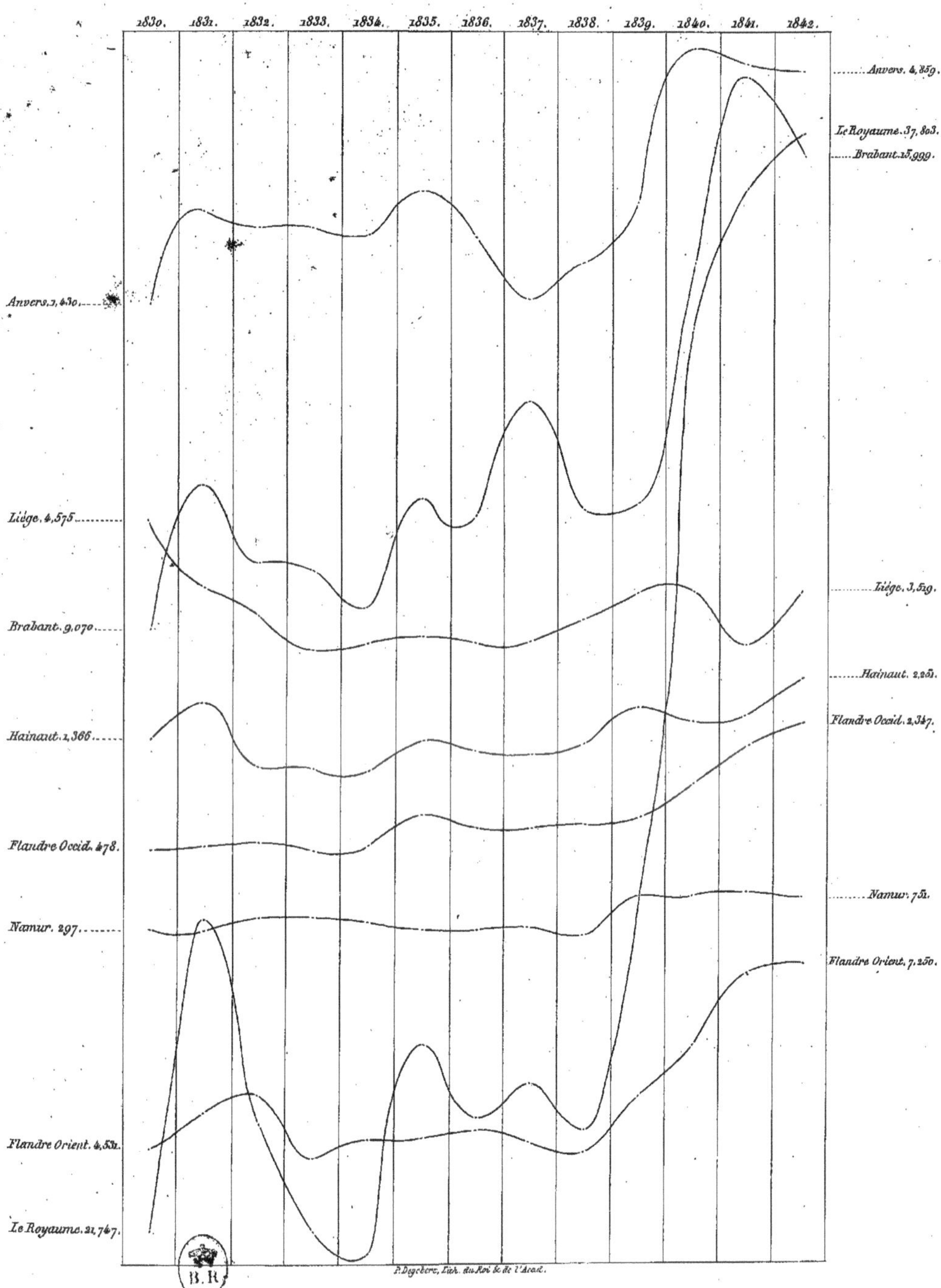

1830. 1831. 1832. 1833. 1834. 1835. 1836. 1837. 1838. 1839. 1840. 1841. 1842.
Anvers. 4,859.
Le Royaume. 37,803.
Brabant. 15,999.
Liège. 3,519.
Hainaut. 2,251.
Flandre Occid. 2,347.
Namur. 751.
Flandre Orient. 7,250.
Anvers. 1,430.
Liège. 4,575.
Brabant. 9,070.
Hainaut. 1,366.
Flandre Occid. 478.
Namur. 297.
Flandre Orient. 4,531.
Le Royaume. 21,747.
B. R.

(Tableau N.º 11.)

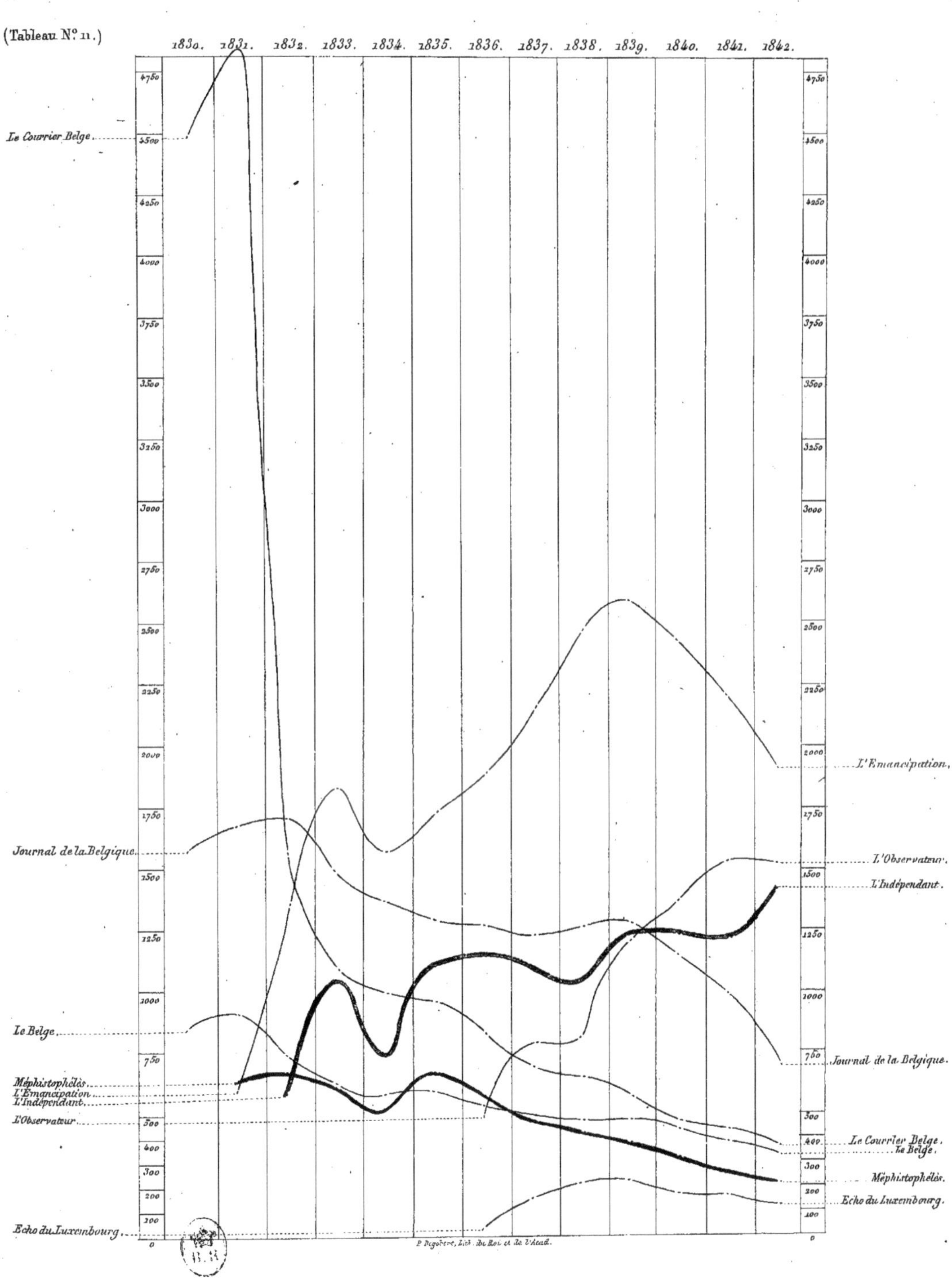

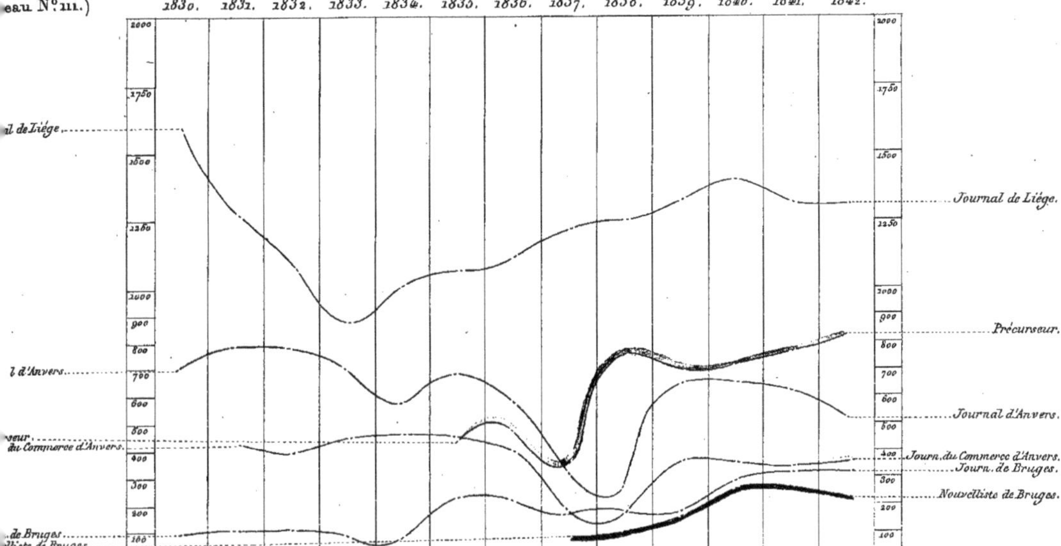
eau N.° 111.)
1830. 1831. 1832. 1833. 1834. 1835. 1836. 1837. 1838. 1839. 1840. 1841. 1842.
2000
1750
1500
1250
1000
900
800
700
600
500
400
300
200
100
0
al de Liége
l d'Anvers
seur
du Commerce d'Anvers
de Bruges
elliste de Bruges
Journal de Liége.
Précurseur.
Journal d'Anvers.
Journ. du Commerce d'Anvers.
Journ. de Bruges.
Nouvelliste de Bruges.

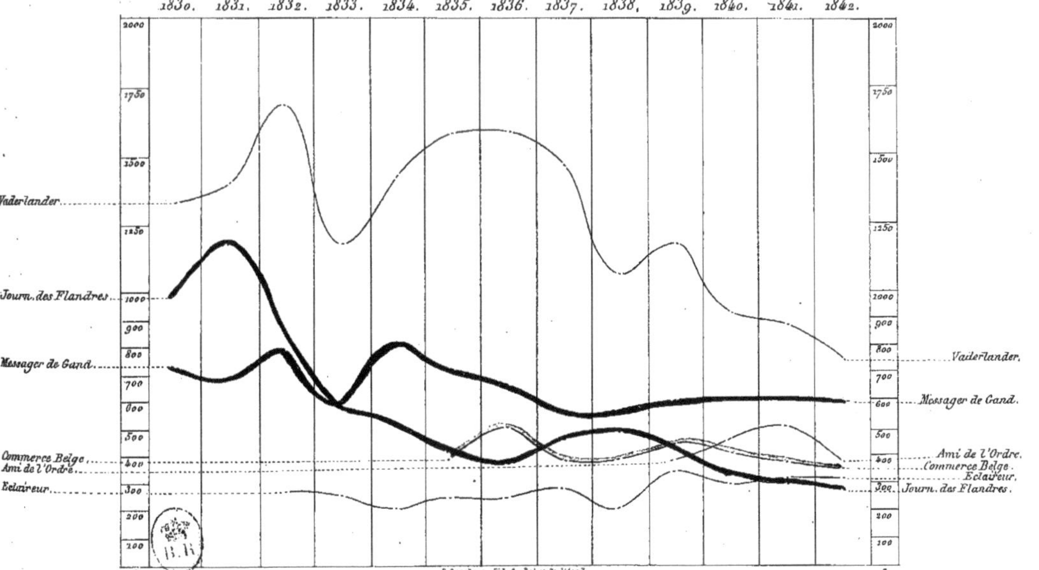
1830. 1831. 1832. 1833. 1834. 1835. 1836. 1837. 1838. 1839. 1840. 1841. 1842.
2000
1750
1500
1250
1000
900
800
700
600
500
400
300
200
100
0
Vaderlander
Journ. des Flandres
Messager de Gand
Commerce Belge
Ami de l'Ordre
Eclaireur
Vaderlander.
Messager de Gand.
Ami de l'Ordre.
Commerce Belge.
Eclaireur.
Journ. des Flandres.
P. Degobert. Lith. du Roi et de l'Acad.

www.ingramcontent.com/pod-product-compliance
Ingram Content Group UK Ltd.
Pitfield, Milton Keynes, MK11 3LW, UK
UKHW020956220726
13924UKWH00002B/716